电力科普

应知应会

国网四川省电力公司技能培训中心
四 川 电 力 职 业 技 术 学 院 编
四川省电机工程学会科普工作委员会

黄河水利出版社

·郑州·

内 容 提 要

　　本书按照一问一答的形式，对电力技术基础知识和电力科技的新发展概况做了深入浅出的论述。该书设计有 111 个问答，内容涉及常用电力知识、电力安全常识，以及与群众生活息息相关的家庭用电必备知识。书中含有大量精美原创插图，图文并茂，语言生动，知识面宽，通俗易懂。

　　本书是一本面向社会大众的科普读物，可作为电力技术人员、电力管理人员、群众和中小学生了解电力科技知识和高新技术知识的入门读物。

图书在版编目(CIP)数据

　　电力科普应知应会/国网四川省电力公司技能培训中心,四川电力职业技术学院,四川省电机工程学会科普工作委员会编 . —郑州:黄河水利出版社,2022.6
　　ISBN 978-7-5509-3311-8

　　Ⅰ.①电… Ⅱ.①国… ②四… ③四… Ⅲ.①电力工业-普及读物 Ⅳ.①TM-49

中国版本图书馆 CIP 数据核字(2022)第 097345 号

组稿编辑:田丽萍 　电话:0371-66025553 　E-mail:912810592@ qq. com

出 版 社:黄河水利出版社 　　　　　　　　　网址:www.yrcp.com
　　　　地址:河南省郑州市顺河路黄委会综合楼 14 层 　邮政编码:450003
发行单位:黄河水利出版社
　　　　发行部电话:0371-66026940、66020550、66028024、66022620(传真)
　　　　E-mail:hhslcbs@ 126. com
承印单位:河南瑞之光印刷股份有限公司
开本:890 mm×1 240 mm　1/32
印张:3.125
字数:90 千字 　　　　　　　　　　　印数:1—1 500
版次:2022 年 6 月第 1 版 　　　　　　　印次:2022 年 6 月第 1 次印刷

定价:40.00 元

《电力科普应知应会》编委会

主　　编：朱　康
副 主 编：王　蓉　　张　里　　谢沁岑
编写人员：吴晓东　　王亚男　　杨　洋
　　　　　姜聿涵　　张海容　　谢明鑫
　　　　　杨骏玮　　曹硕秋

前　言

　　电力与我们的生活息息相关,人们对其的依赖性也越来越强。我国电网建设规模越来越大,电网的质量不断提升,不论是电力从业者,还是普通民众,了解电力的相关知识尤为重要。

　　我国"碳达峰、碳中和"目标提出后,社会各界纷纷积极响应,主动思考和探索实现双碳目标的方法和路径。本书筛选了100余个受到社会广泛关注的问题,按照输电、发电、配电进行排列,对每个问题采用图、文、表并茂的方式进行了详细的阐述,对构建新型电力系统、推动能源绿色低碳转型具有重要的参考价值。

　　本书参考了现行的《中华人民共和国电力法》及相关国家标准、行业标准和企业标准等,若各类标准有变更,以新标准为准。

　　本书由国网四川省电力公司技能培训中心、四川电力职业技术学院、四川省电机工程学会科普工作委员会组织编写。

编　者

2022 年 1 月

目　录

1. 什么是特高压？特高压对电力建设有什么意义？

在我国，特高压是指 ±800 kV 及以上直流电和 1 000 kV 及以上交流电的电压等级。

特高压能大大提升我国电网的输送能力。据国家电网公司提供的数据，一回路特高压直流线路可以输送功率为 600 kW 的电力，相当于现有 500 kV 交流电网的 5~6 倍。而且送电距离也是后者的 2~3 倍，因此效率大大提高。此外，据国家电网公司测算，输送同样功率的电量，如果采用特高压线路输电，可以比采用 500 kV 高压线路输电节省 60% 的土地资源。

2. 特高压直流输电的基本原理是什么？有什么优点？

特高压直流输电是将三相交流电通过换流站整流变成直流电，然后通过直流输电线路送往另一个换流站逆变成三相交流电的输电方式。

特高压直流输电具备点对点、超远距离、大容量送电能力，主要定位于我国西南大水电基地和西北大煤电基地的超远距离、超大容量电能外送。

❶特高压直流输电的电压高、输送容量大、线路走廊窄，适合大功率、远距离输电。

❷特高压直流输电系统中间不落点，可点对点、大功率、远距离直接将电力送往负荷中心。在送受关系明确的情况下，采用特高压直流输电，实现交直流并联输电或非同步联网，电网结构比较松散、清晰。

❸特高压直流输电系统的潮流方向和大小均能方便地进行控制。特高压直流输电可以减少或避免大量过网潮流，按照送受两端运行方式变化而改变潮流。

❹在交直流并联输电的情况下，利用直流有功功率调制，可以有效地抑制与其并列的交流线路的功率振荡，包括区域性低频振荡，明显提高交流的暂态、动态稳定性能。

3. 四川电网有多少特高压直流输电线路？

目前，四川电网共有 4 条特高压直流输电线路：向家坝—上海，锦屏—苏南，溪洛渡—浙西，雅中—江西。正在规划建设 2 条特高压直流输电线路：白鹤滩—江苏，白鹤滩—浙江。四川电网已累计外送清洁电力超过 1.1 亿 kW·h，占华东电网外受电量的 2/3，节约燃煤运输和使用近 4.4 亿 t，减排二氧化碳 11 亿 t。在助力全国碳减排的同时，有力促进了四川资源优势转化，支撑了四川经济社会发展。

4. 四川电网装机容量规模是多少？各类型发电量是多少？

截至 2020 年底，四川电网全社会口径装机容量 10 104.9 万 kW，其中水电 7 892 万 kW、火电 1 595.9 万 kW、风电 425.9 万 kW、光伏 191.1 万 kW。变电容量 29 290.3 万 kVA，共有 ±800 kV 直流换流站 3 座，±500 kV 直流换流站 1 座，500 kV 变电站 52 座。

2020 年，四川电网调度口径累计发电量 3 987 亿 kW·h，其中水电 3 468 亿 kW·h，占比 87.0%；火电 402.7 亿 kW·h，占比 10.1%；风、光等新能源 116.3 亿 kW·h，占比 2.9%。

5. 四川电网的特性是什么？

2021 年，雅中直流投产，白鹤滩电厂接入四川电网，四川电网与外部联系呈现"五直八交"的格局、"大直流、大水电"的特征。

6. 四川水能、风能与光伏发电资源分布情况是什么？

四川水能资源理论蕴藏量 1.43 亿 kW，占全国的 21.2%，仅次于西藏。其中，水能资源集中分布于川西南山地的大渡河、金沙江、雅砻江三大水系，约占全省水能资源蕴藏量的 2/3；风能主要集中在凉山州东部、南部地区；光伏发电资源集中在川西高原。四川省"十四五"规划提出，发展到 2025 年，建成光伏、风能发电装机容量各 1 000 万 kW 以上。

7. 什么是新型电力系统？

新型电力系统是以新能源为供给主体，以确保能源电力安全为基本前提，以满足经济社会发展电力需求为首要目标，以坚强智能电网为枢纽平台，以源网荷储互动与多能互补为支撑，具有清洁低碳、安全可控、灵活高效、智能友好、开放互动等基本特征的电力系统。

8. 什么是碳达峰、碳中和？我国实现碳达峰、碳中和有哪些关键技术路径？

习近平总书记在 2020 年 9 月第 75 届联合国大会上承诺：中国力争 2030 年前二氧化碳排放达到峰值，努力争取 2060 年前实现碳中和。

碳达峰是指我国承诺 2030 年前，二氧化碳的排放量不再增长，达到峰值之后逐步降低；碳中和是指企业、团体或个人测算在一定时间内直接或间接产生的温室气体排放总量，通过植树造林、节能减排等形式，抵消自身产生的二氧化碳排放量，实现二氧化碳"零排放"。

电力系统低碳转型经历碳达峰、深度低碳、零碳三个阶段。第一阶段，碳达峰阶段（2021—2030 年）：电力系统碳排放在 2028 年前后进入峰值平台期。工业、建筑、交通等领域电气化快速推进，电力需求持续增长（增速 4.5% 左右），新增电力需求全部由清洁能源满足。新能源装机达到 17 亿 kW，发电量占比升至 28%，水能、核能发电量分别达到 13%、7%，煤、气发电量分别为 42%、9%。第二阶段，深度低碳阶段（2031—2050 年）：电力系统碳排放在平台期后快速下降，采用 CCUS（碳捕获、利用与封存）技术部分移除后降至峰值 10% 左右，电力系统实现深度低碳。电力需求增速放缓（增速 1.4% 左右）。新能源装机达到

44亿kW，发电量占比升至53%，水能、核能发电量分别达到13%、14%，煤、气发电量分别降至13%、7%。第三阶段，零碳阶段（2051—2060年）：电力系统从深度低碳发展为零碳电力系统。新能源装机达到52亿kW，发电量占比升至61%，水能、核能发电量分别达到13%、16%，CCUS（碳捕获、利用与封存）规模进一步扩大，煤、气发电量分别降至7%、3%。

技术路径：

❶清洁化。从生产侧减少碳排放，大幅提高非化石能源消费比重；增加清洁能源装机和发电量，新能源成为主体能源；以低碳原料替代高碳原料减少工业过程碳排放。

❷电气化。从消费侧减少碳排放，用清洁能源生产的电力满足工业、建筑、交通领域能源需求；提高能源利用效率，降低碳排放强度。

❸数字化。数字赋能新型电力系统，利用5G、大数据、云计算、人工智能等现代信息技术，提升电力系统智能互动、灵活调节水平，从根本上改变能源配置方式。

❹标准化。建立与国际接轨的碳减排标准体系，搭建一体化标准化服务平台。

9. 什么是清洁替代、电能替代?

　　"两个替代",是指在能源开发上实施清洁替代,以可再生的太阳能、风能等清洁能源替代化石能源,形成清洁能源为主导的新格局;在能源消费上实施电能替代,以电能替代煤炭、石油等化石能源直接消费,提高电能在终端能源中的比重,从根本上解决能源环境和气候变化等问题(例如港口岸电、火锅和烧烤店"气改电")。

10. 什么是能源互联网？

能源互联网是以互联网理念构建的新型信息能源融合"广域网"，它以大电网为"主干网"，以微网为"局域网"，以开放对等的信息能源一体化架构真正实现能源的双向按需传输和动态平衡使用，因此可以最大限度地适应新能源的接入。

能源互联网能够最大程度地促进煤炭、石油、天然气、热、电等一、二次能源类型的互联、互通和互补；在用户侧支持各种新能源、分布式能源的大规模接入，实现用电设备的即插即用；通过局域自治消纳和广域对等互联，实现能量流的优化调控和高效利用，构建开放灵活的产业和商业形态。

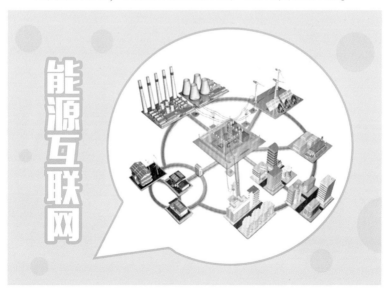

11. 电网对节能减排有什么重要意义?

❶支持清洁能源机组大规模入网,加快清洁能源发展,推动我国能源结构的优化调整。

❷引导用户合理安排用电时段,降低高峰负荷,稳定火电机组出力,降低发电煤耗。

❸促进特高压、柔性输电、经济调度等先进技术的推广和应用,降低输电损失率,提高电网运行经济性。

❹实现电网与用户有效互动,推广智能用电技术,提高用电效率。

❺推动电动汽车的大规模应用,促进低碳经济发展,实现减排效益。

12. 什么是新能源？什么是清洁能源？

新能源是指传统能源之外的各种能源形式，如太阳能、地热能、风能、海洋能、生物质能和核聚变能等。新能源和水力发电统称为清洁能源。

13. 新能源发电有哪些特点？新能源并网对电网的影响有哪些？

新能源以风能、太阳能为驱动力，输出功率具有强烈的随机性、波动性、间歇性特征；通过电力电子装置并网，过压/过流能力差（例如：机端电压不能超过额定电压 1.2 倍），具有低抗扰性；运行不

13

确定性大（以新能源较为丰富的西北电网为例，新能源的功率变化可达 100 万 kW/min）。

新能源并网对电网的影响：

❶波动大、预测难，对电网调节能力提出更高要求。

❷造成系统惯量降低、电源支撑能力弱，系统稳定问题突出。

❸稳定特性复杂，安控策略配置困难，失配风险加大。

❹易发生电力系统振荡，危害设备和电网安全。

14. 光伏扶贫电站投资多大？多少年能够收回成本？

根据安装功率，基本型目前每千瓦安装费用为1万元左右，一般别墅家用太阳能光伏发电设备功率为5~8 kW，全部投入为6万~10万元。一般农村家用太阳能光伏发电设备功率为3~5 kW，全部投入为3万~5万元。

由于国家对光伏发电的补贴政策，对"自发自用、余电上网"模式的分布式光伏发电按照全电量补贴的模式，补贴标准为0.2~0.3元/（kW·h），据测算，补贴后光伏电站在6~8年后收回成本。

15. 新投产的白鹤滩水电站建设规模有多大？

白鹤滩水电站位于四川省凉山州和云南省交界处，是三峡集团在金沙江下游投资建设的四座梯级电站中的第二级。总装机容量 1 600 万 kW，仅次于三峡工程，位居世界第二；单机容量 100 万 kW，位居世界第一。全面投产后，年均发电量 624 亿 kW·h，将与三峡工程、葛洲坝工程，金沙江乌东德、溪洛渡、向家坝水电站一起，构成世界最大的清洁能源走廊。

16. 当前风力发电机的最大单机容量是多少？

当前，陆地最大风力发电机容量为 6 MW，叶片直径 175 m；截至 2021 年底，海上最大风机容量为 15 MW，叶片直径 185 m。

17. 什么是超超临界火电机组？有什么优点？

一般把汽轮机进口蒸汽压力高于 27 MPa 或蒸汽温度高于 580 ℃的机组称为超超临界火电机组。其主要优点如下：

❶热效率高。超超临界火电机组净效率可达45%左右。

❷污染物排放量减少。由于采取脱硫、脱硝、低氮燃烧以及安装高效除尘器等措施，污染物排放浓度大幅度降低，可达到超净排放标准。

❸单机容量大。超超临界火电机组容量一般在百万千瓦级的水平。

18. 什么是熔盐塔式光热电站？有哪些示范工程应用？

熔盐塔式光热电站，俗称"超级镜子发电站"，主要包括定日镜、太阳塔、吸热器和储热器等，以熔盐作为传热介质。甘肃敦煌 100 MW 熔盐塔式光热电站，是国家首批光热发电示范电站之一。该项目年发电量达 3.9 亿 kW·h，每年减排二氧化碳 35 万 t。

19. 电能制氢是什么？目前氢能的发展现状怎么样？

电能制氢是拓展电能利用途径、应对新能源随机波动的方式之一，氢能可作为氢燃料电池用于系统灵活调节，或作为工业生产原料替代化石能源；此外，利用 CO_2 加氢制低碳烯烃（乙烯、丙烯），是有机材料合成最重要和最基本的化工原料，可以减排二氧化碳，是实现碳中和目标的重要途径。德国、日本等多个国家都十分重视电能制氢技术。

制氢主要包括电解水制氢、煤制氢、天然气制氢、生物质制氢、光解制氢、热化学制氢等方式。电价是制约电制氢发展的关键。目前电价占电制氢总成本比重约为 85%，按电制氢电价 0.4~0.6 元/（kW·h）计算，我国电制氢成本为 30~40 元/kg。当电价降低到 0.1 元/（kW·h）时，电制氢成本可下降至 10 元/kg，与化石能源制氢价格相当。

目前氢能最主要、前景最广阔的应用场景是氢燃料电池汽车。氢燃料电池汽车能量转化效率可达 60%~80%，所以业界将氢燃料电池汽车作为氢能汽车的主要发展方向。相比于纯电动汽车，氢燃料电池汽车具有续航里程长、燃料加注快（3~5 分钟可加满）、低温性能好、回收无污染等优势，在远距离、载重大、点对点的商用车领域具有良好的应用前景。

20. 什么是柔性直流输电？目前有哪些示范工程？柔性直流输电的优势是什么？

柔性直流输电就是通过调节换流器出口电压的大小和换流器出口电压与系统电压的功角差，可以独立控制有功功率和无功功率。这样，通过控制两端的换流站，可以实现两个交流电网之间的有功输电，在电网中相当于一个完全可控的水泵，能够精准地控制水流的方向、速度和流量。

截至 2021 年底，我国有 4 个柔性直流输电示范工程，分别在舟山群岛、厦门岛、渝鄂背靠背、张家口应用。柔性直流输电最高电压等级为 ±500 kV。

柔性直流输电是一种新兴的直流输电技术，不需要交流侧电压的支撑。它与常规直流输电相比，控制更灵活，电能质量更高，占地面积更小，对电网建设能源节约化、设备智能化的发展非常有利。

21. 什么是虚拟发电厂？它是怎么发电的？

虚拟发电厂（VPP）是将分布式发电机组、可控负荷和分布式储能设施有机结合，通过配套的调控技术、通信技术实现对各类分布式能源进行整合调控的载体，作为一个特殊电厂参与电力市场和电网运行。从某种意义上讲，虚拟发电厂可以看作一种先进的区域性电能集中管理模式。

例如：一座大厦在冬夏两季用电高峰期，虚拟发电厂控制系统对各楼层中央空调的预设温度、风机转速、送风量等参数进行调节，通过减负为电网释放了超过 100 kW 电能。如果管控几千座这样的楼宇，就可以释放几十万千瓦的电能，对于整个电网来说，相当于新建一个电厂了。这样就解决了发电厂与用电间的矛盾。

22. 什么是综合能源系统？

综合能源系统是指在规划、建设和运行等过程中，通过对能源的产生、传输与分配（能源网络）、转换、存储、消费等环节进行有机协调与优化后，形成的能源产供销一体化系统。它主要由供能网络（如供电、供气、供冷/热等网络）、能源交换环节（如 CCHP 机组、发电机组、锅炉、空调、热泵等）、能源存储环节（如储电、储气、储热、储冷等）、终端综合能源供用单元（如微网）和大量终端用户共同构成。通过示范工程，数据显示采用综合能源系统的园区清洁能源消费占比 15% 左右，清洁能源就地消纳率为 70%。

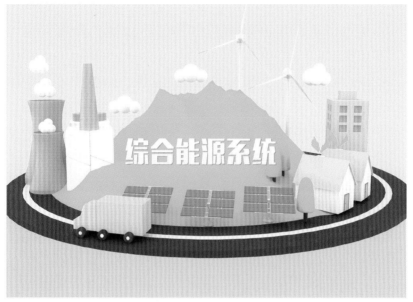

23. 当前有哪些主要的储能方式？储能的作用是什么？

按照能量储存方式，储能可分为物理储能、化学储能、电磁储能三类，其中物理储能主要包括抽水蓄能、压缩空气储能、飞轮储能等，化学储能主要包括铅酸电池、锂离子电池、钠硫电池、液流电池等，电磁储能主要包括超级电容器储能、超导储能。

储能的作用有以下几点：

❶削峰填谷。电力需求在白天和黑夜、不同季节间存在巨大的峰谷差。储能可以有效地实现需求侧管理，发挥削峰填谷的作用，消除昼夜峰谷差，

改善电力系统的日负荷率，大大提高发电设备的利用率，从而提高电网整体的运行效率，降低供电成本。

❷改善电能质量，提高可靠性。借助于电力电子变流技术，储能技术可以实现高效的有功功率调节和无功控制，快速平衡系统中由于各种原因产生的不平衡功率，调整频率，补偿负荷波动，减少扰动对电网的冲击，提高系统运行稳定性，改善用户电能质量。

❸改善电网特性，满足可再生能源需要。储能装置具有转换效率高且动作快速的特点，能够与系统独立进行有功、无功的交换。将储能设备与先进的电能转换和控制技术相结合，可以实现对电网的快速控制，改善电网的静态和动态特性，满足可再生能源系统的需要。

24. 电磁辐射是什么？是否会影响人的身体健康？居民区的变电站有没有电磁辐射？

电磁辐射是由同向振荡且互相垂直的电场与磁场在空间中以波的形式传递动量和能量，其传播方向垂直于电场与磁场构成的平面。

2006年，世界卫生组织完成了对输变电设施电磁场健康风险的研究，得出了以下结论：在电力线路和用电设备周围存在的是极低频电磁场，而不是电磁辐射。电磁场空间传输能力差，在几十米的范围内其能量几乎全部衰耗，对周围环境影响微乎其微。

我国的工频电磁场标准为：工频电场 4 000 V/m，工频磁场 100 μT。在一个 220 kV 变电站，变电站与供电办公楼、营业厅相邻而建，周边设施以居民小区为主，检测员在变电站围墙外 5 m 进行布点检测，结果显示：工频电场测值为 0.88～0.96 V/m，工频磁场测值为 0.144 5～0.146 9 μT，均远低于国家标准。变电站的电磁环境测值仅与家用电器不相上下。变电站的周边不存在所谓的电磁辐射，居民区变电站产生的低频电磁场对人体不会产生任何影响。

25. 西电东送有哪三大通道？

一是将贵州乌江、云南澜沧江和桂、滇、黔三省（区）交界处的南盘江、北盘江、红水河的水电资源以及黔、滇两省坑口火电厂的电能开发出来送往广东，形成"西电东送"南部通道。

二是将三峡和金沙江干支流水电送往华东地区，形成"西电东送"中部通道。

三是将黄河上游水电和山西、内蒙古坑口火电送往京津唐地区，形成"西电东送"北部通道。

26. 我国发电方式有哪些?

我国采用的发电方式有以下几种:

❶火力发电。以煤、石油或天然气作为燃料的发电厂,统称为火电厂。以燃煤火电厂为例,这得从"烧开水"说起,首先把煤炭通过输送设备(输送带)送到锅炉里燃烧产生热量(相当于家用的一个大火炉子),加热锅炉里的水(相当于水壶),产生高温高压蒸汽,蒸汽通过管道到达汽轮机,推动汽轮机带着发电机一起旋转,电就从发电机里发出来了。

❷水力发电。水力发电过程就是充分利用水往低处流的自然规律,将水的势能转换为机械能、电能的过程。

简单来说,就是在水位落差大的河流中修建大坝和水电站,把水流引入水电站,冲击水轮机或水车旋转,带动发电机转子旋转,电就发出来了。

❸核能发电。核电站与火电站的发电方式极其相似,主要区别就是锅炉不一样。核电站的"锅炉"是核反应堆或者说是"核锅炉"。简单来说,核燃料在"核锅炉"内发生裂变而产生大量热能,再用处于高压力下的水把热能带出,在蒸汽发生器内产生蒸汽,蒸汽推动汽轮机带着发电机一起旋转,电就源源不断地产生出来了。

④风力发电。风力发电是利用风力带动风车叶轮旋转，将风能转化为机械能，发电机再将机械能转化为电能。

⑤光伏发电。光伏发电是根据光生伏特效应原理，利用太阳能电池将太阳光能直接转化为电能。其装置主要由太阳能电池板（组件）、控制器和逆变器三大部分组成，由电子元器件构成太阳能电池，经过串联后进行封装保护，可形成大面积的太阳能电池组件，再配合上功率控制器等部件，就形成了光伏发电装置。

27. 为什么在今天的中国，火电仍能占据大半的发电比例？

发电是一个成熟的行业，本质上不存在技术问题，而仅涉及成本问题。

由于广义的火电包括燃油、燃煤、燃气、燃生物质固体等众多类别，我们这里的火电仅指燃煤火电。

一方面，我国是一个煤炭资源十分丰富的国家，而且相当多的煤炭品质很好，所以燃煤发电是一个显而易见的经济选择，即使加上脱硫、脱硝、电除尘，绝大多数省的火电发电成本依然可以控制在 $0.25 \sim 0.45$ 元/（$kW \cdot h$），如此低的价格仅次于大型水电。而一直被很多技术人士看好的核电，其核准的电价反而为 0.43 元/（$kW \cdot h$），超过绝大多数省份的火电电价。

另一方面，火电具有优异的调峰性能，电力的供需需要实时平衡，但是我们需要保证大家时时刻刻都能用电，不能随便拉闸限电。所以，只能通过调节发电厂的发电功率来维持系统的稳定。正如大家所疑问的，没风、阴天、没水的时候怎么办？核电调峰性能不太好，只能依靠火电来调节。那么如果不用火电呢？技术角度当然有解决的办法，比如上超大规模的储能、上超级多的抽水蓄能电站、上大量的燃气轮机来补充……但是无一例外，都会出现成本巨大、电价太高的情况。（火电调峰好，是相对于新能源来说的，调峰最好的当然是带库区的水电，但是水电不够。）

电力作为大工业生产的基础能源，如果电价太高，那么我们生活中的一切价格都会出现大幅的上涨。

那么取代火电的好处是什么呢？首先，也许能降低一点点污染——大型火电的污染已经很小了。其次，能减少不少碳排放（脱硫、脱硝、电除尘不包括二氧化碳，二氧化碳不算是污染物，但是算温室气体）。最后，煤炭是有限的，可以做化工原料，白白烧掉，从长远来看是很可惜的，对资源不算是优化配置。

28. 在我们的认知里木头是不导电的，但是为什么树会导电呢？

首先，木头也不可以是湿的，否则照样导电。树之所以导电，一是因为树中有水分；二是因为水里含有许多无机盐分，电离出正负离子，导电效果更好。当树挨着通电的导线时，人从树下面经过，电就会通过树—人—大地连成一个回路，树就是这样导电的。

29. 中国水电站规模排名前五的水电站是哪几个？

第一，三峡水电站。

三峡水电站，即长江三峡水利枢纽工程，又称三峡工程，所在河流：长江；装机容量：2 250 万 kW；年发电量：847 亿 kW·h；最大水头：113 m；是世界上规模最大的水电站，也是中国有史以来建设的最大型的工程项目。三峡水电站大坝高程 185 m，蓄水高程 175 m，水库长 2 335 m，安装 32 台单机容量为 70 万 kW 的水电机组。在充分发挥防洪、航运、水资源利用等巨大综合效益的前提下，三峡电站累计生产了 1 000 亿 kW·h 的绿色电能。

地址：湖北省宜昌市夷陵区三斗坪镇。

第二，白鹤滩水电站。

白鹤滩水电站，所在河流：金沙江；装机容量：1 600 万 kW；多年平均发电量：640.95 亿 kW·h；是中国大型水电站之一。白鹤滩水电站以发电为主，兼有防洪、拦沙、改善下游航运条件和发展库区通航等综合效益。水库正常蓄水位 825 m，相应库容 206 亿 m³，地下厂房装有 16 台机组。电站 2013 年主体工程正式开工，2021 年首批机组发电，2022 年工程完工，仅次于三峡水电站，为中国第二大水电站。

地址：四川省凉山彝族自治州宁南县和云南省巧家县。

第三，溪洛渡水电站。

溪洛渡水电站，所在河流：金沙江；装机容量：1 386 万 kW；年发电量：571.2 亿 kW·h；最大水头：197 m；是中国第三、世界第三大水电站，是金沙江上最大的一座水电站。溪洛渡水电站是国家"西电东送"骨干工程，以发电为主，兼有防洪、拦沙和改善上游航运条件等综合效益，并可为下游电站进行梯级补偿。电站主要供电华东、华中地区，兼顾川、滇两省用电需要，累计发电超过 2 455 亿 kW·h。

地址：四川省凉山彝族自治州雷波县和云南省永善县。

第四，乌东德水电站。

乌东德水电站，所在河流：金沙江；装机容量：

1 020 万 kW；年发电量：389.1 亿 kW·h；是实施"西电东送"的国家重大工程，是中国第四座、世界第七座跨入千万千瓦级行列的巨型水电站。乌东德水电站共安装 12 台单机容量为 85 万 kW 的水轮发电机组，是金沙江下游四个梯级电站（乌东德、白鹤滩、溪洛渡、向家坝）的第一梯级。电站大坝为混凝土双曲拱坝，总库容 74.08 亿 m³，调节库容 30 亿 m³，防洪库容 24.4 亿 m³。

地址：四川省凉山彝族自治州会东县。

第五，向家坝水电站。

向家坝水电站，所在河流：金沙江；装机容量：775 万 kW；年发电量：307.47 亿 kW·h；是金沙江水电基地最后一级水电站，由三峡集团修建，以发电为主，兼有改善通航条件、防洪、灌溉、拦沙、对溪洛渡水电站进行反调节等综合效益。向家坝水电站至上海的 ±800 kV 直流特高压国产化示范工程是国内输送电压等级最高、最先进的电力系统之一。

地址：云南省昭通市水富市金沙江下游河段。

30. 人体与通电高压交流线路的安全距离是多少？

人体需要与带电体保持一定的距离，这个距离称为安全距离。

《国家电网公司电力安全工作规程》配电部分 2014 版给出了人体与邻近带电高压线路或设备的安

全距离：

电压	安全距离
10 kV 及以下	0.7 m
20~35 kV	1.0 m
66~110 kV	1.5 m
220 kV	3.0 m
330 kV	4.0 m
500 kV	5.0 m
750 kV	8.0 m
1 000 kV	9.5 m

31. 雷电从哪里来?

　　在神话传说中，雷电来自"雷公"的雷神锤和"电母"的乾元镜。当然，在现实中并不存在雷公电母这样的神仙，而是雷暴云。

　　"雷公"指的是云的上部带正电荷的云团（最下面一层薄薄的正电荷可以忽略），"电母"则是中下部带负电荷的云团。因此，云的上、下部之间形成一个电位差。当电位差达到一定程度后，就会放电，这就是我们常见的闪电现象。

　　雷电的电压很高，达 1 亿~10 亿 V，平均电流是 3 万 A，最高可以达到 30 万 A。而人体的安全电压不高于 36 V，持续接触安全电压为 24 V，安全电

流为 10 mA。电击对人体的危害程度，主要取决于通过人体电流的大小和通电时间的长短，电流强度越大，致命危险越大；持续时间越长，死亡的可能性越大。

32. 为什么有时候雷雨天会停电？

雷雨天气停电主要有以下几种原因：

雷击线路造成了线路故障跳闸。

雷雨天气还可能造成线路绝缘的降低，使得线路之间相互放电造成跳闸。

雷雨天气一般伴随有大风，可能吹动导线附近的树木、杂物碰触导线，尤其农村和山区，线路还是架空线路，裸露在外，未及时清理临近飘挂物，造成导线间短路故障。

33. 遭遇雷雨天，在室内如何避雷？

① 注意关闭门窗。

② 人不要站立在电灯下。

③ 尽量不要使用座机接打电话或使用有线网络上网。

④ 不宜用淋浴器、太阳能热水器。

⑤ 远离外露的水管、煤气管等金属物体。

⑥ 要把线路断开，并拔下电源插头。

⑦ 晒衣服、被褥等用的铁丝不要拉到窗户、门口。

34. 什么是巡线无人机?

巡线无人机是卡特推出的一款产品，简称"无人机"（UAV），是利用无线电遥控设备和机载的程序控制装置操纵的不载人飞机。机上无驾驶舱，但安装有自动驾驶仪、程序控制装置等设备。地面人员通过遥控器、地面站等设备，对其进行跟踪、定位、遥控、遥测和数字传输。可在无线电遥控下像普通直升机一样垂直起飞。回收时，可像普通直升机着陆过程一样的方式自动垂直着陆，也可通过遥控器手动控制精确降落。可反复使用多次。广泛用于空中侦察、监视、通信、反恐、取证等。

35. 什么是电缆标志桩？

电缆标志桩又称为电力电缆标志桩、标志桩、天然气标志桩、通道立式标志桩。常用于电力、通信、燃气、自来水、铁路地埋管线路径通道指示标志兼警告牌，用于闹市、风景区、绿化带、灌木丛、顶管两侧管线路径指示。

产品特性如下：

❶强度高，产品采用新型不饱和树脂材料，经高温压制而成。

❷抗冲击、耐磨损、耐高温、耐腐蚀，故使用寿命长达 30 年。

❸外表美观，产品可制成各种颜色，字体、图案清晰，警示性明显并可以美化城市环境。

❹重量轻，便于运输安装，可大大减少劳动力并减轻劳动强度。

❺防偷盗，该合成材料无回收价值，自然防盗。可以有效解决地下重要设施被挖断的问题，具有重大的社会效益和经济效益。

电缆标志桩的发明填补了国内空白，在国际上具有领先水平。

36. 下雨天遇到掉落电线，身体发麻应该怎么办？

如果身体感觉微微发麻，千万不要惊慌，更不要拔腿就跑，这样反而会增大触电的风险。你需要单脚跳或双腿并拢跳，背向电线断落点，跳到距离电源 8 m 以外的地方。

37. 夏天遇暴雨，电动车的使用有哪些注意事项？

骑电动车要特别注意积水深度。面对大雨和积水路面，骑电动车出行的人，要特别注意积水深度，在不超过电动轮一半的情况才能正常行驶。电

池被雨水打湿后不要马上充电，一定要将车子放在通风的地方晾干后再充电。

②雨天充电选室内。暴雨情况下不建议使用户外充电桩，即使充电桩做了防水材料，接口处依然有可能因为淋雨引发短路。如需使用，请务必用防雨器具遮挡，或使用室内充电桩。

38. 风车叶子转一圈，能发多少电？

一般情况下，风速只要达到 3 m/s（微风拂面的感觉），风车就可以旋转发电。

以 1 500 kW 的风电机组为例，机组叶片大约有 35 m 长（约 12 层楼高）。风力发电机每转动 1 周，大概需要 4~5 s（但这时的叶尖速度可达 280 多 km/h，堪比高铁速度），可以产生约 1.4 kW·h 电。在正常满功率的情况下，一天的发电量就可供 15 个家庭使用 1 年。这样一台风力发电机，每年可以减排 3 000 t 二氧化碳、15 t 二氧化硫、9 t 二氧化氮。

像黄岩西部山区的风电场，项目总用地面积 1.672 7 hm^2，安装了 28 台单机容量为 1 500 kW 的风电机组，总装机规模为 42 000 kW，每年上网电量可达 8 414 万 kW·h。

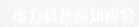

39. 我国的电压等级主要有哪些，如何区分？

目前我国常用的电压等级有 220 V、380 V、1 kV、6 kV、10 kV、35 kV、110 kV、220 kV、330 kV、500 kV、±800 kV、1 000 kV。其中，±800 kV、1 000 kV 为特高压电网，500 kV 为超高压电网，110~330 kV 为高压电网，10~35 kV 为配电网。同时还规定，1 kV 以下的电压为低电压，36 V 及以下电压为安全电压。

40. 雷雨天气为什么不能靠近避雷器和避雷针？

　　雷雨天气，雷击事故较多。当雷击到避雷器或避雷针时，雷电流经过接地装置，通入大地，由于接地装置存在接地电阻，它通过雷电流时电位将升得很高，对附近设备或人员可能造成反击或跨步电压，威胁人身安全。故雷雨天气不能靠近避雷器或避雷针。

41. 变压器在电力系统中的主要作用是什么？

　　变压器是电力系统的心脏，起到变换电压的作用，有利于功率的传输。电压通过升压变压器升压后，可以减少线路损耗，从而传输到各大变电站，达到远距离送电的目的；而降压变压器则能把高电压变为用户所需要的各级使用电压，满足用户需要。

42. 夏日炎炎，变压器会不会累得想爆炸？

　　会的，导致变压器爆炸的原因有很多，其中就有负荷过大导致变压器自身过热而产生的爆炸。变压器内部充满了变压器油及强风冷装置，使得变压器在长期不间断运行过程中保持温度正常，但由于夏季天气炎热，居民及商场等使用空调等大功率电器设备，使得变压器长期承受过负荷大功率的压力，从而加强了变压器自身过热的概率，当变压器油及强风冷装置不能满足其降温循环时，便容易产生爆炸。

43. 变压器每年都需要做体检吗?

需要的,主要是针对变压器内部绝缘性能进行高电压试验,包括工频交流电压试验、直流高压试验、局部放电试验及冲击电压试验等。这些试验主要是为了检测变压器内部绝缘及老化性能,通过试验数据分析,得出变压器的运行状况。

44. 为什么高层建筑的顶端要架设避雷针?

在雷雨天气,高楼上空出现带电云层时,避雷针和高楼顶部都被感应上大量电荷,由于避雷针针头是尖的,而静电感应时,导体尖端总是聚集了最多的电荷。这样,避雷针就聚集了大部分电荷。避雷针又与这些带电云层形成了一个电容器,由于它较尖,即这个电容器的两极板正对面积很小,电容也就很小,也就是说,它所能容纳的电荷很少。而它又聚集了大部分电荷,所以,当云层上电荷较多时,避雷针与云层之间的空气就很容易被击穿,成为导体。这样,带电云层与避雷针形成通路,而避雷针又是接地的,避雷针就可以把云层上的电荷导入大地,使其不对高层建筑构成危险,保证了它的安全。

45. 为什么不能靠近高压设备或高压杆塔？

　　对人身安全造成威胁的电位差包括接触电位差和跨步电位差。高压设备及高压杆塔周围通常存在跨步电压，而跨步电压是指人的两脚着地点之间的电位差；高压设备及高压杆塔一般都会工作接地，人所站的地点与接地设备之间的电位差称为接触电位差。

请勿靠近高压设备或高压杆塔

47

46. 新能源汽车的分类有哪些？

　　新能源汽车，即采用新型清洁型能源作为动力，来代替通常使用的高污染类可燃油质（如汽油和柴油）的汽车。

　　按照燃料的来源划分，新能源汽车可分为五类：

　　一是基于传统石油燃料的节能环保汽车，如先进柴油车和混合动力汽车。

　　二是基于天然气和石油伴生品的燃气汽车。

　　三是基于石化燃料化工的替代燃料汽车，如煤制油等。

　　四是生物燃料汽车，包括燃料乙醇汽车和生物柴油汽车。

　　五是燃料电池汽车和纯电动汽车。

47. 混合动力汽车分为哪几类？

　　根据混合动力驱动的连接方式，可以将混合动力汽车分为串联式混合动力电动汽车、并联式混合动力电动汽车和混联式混合动力电动汽车。

　　串联式混合动力电动汽车适用于目标和行驶工况相对确定的车辆，例如货物分送车、城市公共汽车等在城市内走走停停的车辆；串联式混合动力电动汽车更适用于市内低速运行的工况，而不适用于高速公路行驶的工况。而并联式混合动力电动汽车最适合于在中、高速工况下（如高速公路）稳定行驶。

48. 新能源汽车的关键技术是什么？

新能源汽车的关键技术包括整车、电机、电机控制器、电池及系统总成技术。

49. 电动汽车充电桩是如何保证充电安全的？

❶ 充电桩都配置了漏电保护、过流保护和防雷等电气防护设备，并且充电桩柱体安装了防盗锁，为用户提供基本的安全保障。

❷ 在使用过程中，充电桩难免会有意外情况发

49

生，需要启动急停开关，所以合格的充电桩必须配备启动急停开关。

根据充电桩 AC 220 V 32 A 的输出要求，充电桩的主回路电线应采用截面面积为 6 mm² 的铜芯电线。如果铜线截面面积达不到要求，在 32 A 的交流输出情况下会使电线发热、加速老化，带来安全隐患。

在实际使用中，并不是每台充电桩都安装在地下车库，在室外的充电桩难免遭受风吹雨淋，带来漏电安全隐患。所以，合格的充电桩必须满足防水要求。国标对充电桩防水性能有明确要求，在户外应达到 IP54 防护等级。

充电桩作为公众使用的电气设备，应具备相应的标识信息，包括设备铭牌和安全警示标识，没有的为不合格产品。国标有设备铭牌的强制要求，对安全警示标识没有强制要求。

在充电过程中带电插拔充电插头会有触电隐患，国标对控制引导提出规范，同时确保充电桩未充电时充电插座不会带电。

在充电桩与车辆连接通电状态下，应保证向四个方向倾倒充电桩，所有充电桩都不能断电。充电桩应具备倾倒停机断电功能，避免出现意外碰撞事故对人员造成二次触电伤害。

50. 纯电动汽车电池充电步骤是什么?

当组合仪表上的相应电量指示图标（黄色）点亮或当仪表剩余电量小于等于 25% 时，该纯电动汽车必须进行充电。充电温度要求 0 ~ 55 ℃，放电温度要求 −20 ~ 60 ℃

充电操作步骤如下：

车辆应该停放在远离易燃易爆物品的室内，换挡手柄置于"P"挡，拉起手刹，点火开关打到"OFF"。

检查冷却液，确认液位是否正常。检查充电桩插座，确保安全可靠。

充电时，先插上"交流充电线"的供电端；之后，向上提拉驾驶员座椅左侧的开锁开关，打开充电口盖，插入"交流充电线"车辆端。

当组合仪表上相应图标（红色）点亮时，表示充电连接装置已经正常连接。当组合仪表上相应图标（黄色）点亮时，表示电动汽车电池已开始充电。

组合仪表相应图标（黄色）熄灭后，表示动力电池已被充满，请先拔去"交流充电线"车辆端，后拔去"交流充电线"供电段，关好充电口，整理好"交流充电线"。

51. 电动汽车充电时有哪些注意事项？

①在车载自动启动的温度空盒子相关功能正常的情况下，为缩短充电时间，在车辆充电过程中，不建议使用车载用电设备。

②低温情况下的充电，空调会给电池加热的情况属于正常。

③如果在电动汽车电池充电过程中遇到故障，请寻求专业人员进行处理，不要私自尝试维修。

④防止暴晒，电动汽车严禁在阳光下暴晒。温度过高的环境会使蓄电池内部压力增加而使电池限压阀被迫自动开启，直接后果就是增加电池的失水量，而电池过度失水必然引发电池活性下降，加速极板软化，充电时产生壳体发热、起鼓、变形等致命损伤。

⑤避免充电时插头发热，充电器输出插头松动、接触面氧化等现象都会导致充电插头发热，发热时间过长会导致充电插头短路，直接损害充电器，带来不必要的损失。所以，发现上述情况时，应及时清除氧化物或更换插接件。

52. 如何把控电动汽车充电时间？

　　在电动汽车使用过程中，应根据实际情况准确把握充电时间，参考平时使用频率及行驶里程情况，也要注意电池厂家提供的容量大小说明，以及配套充电器的性能、充电电流的大小等参数把控充电频次。

　　一般情况下蓄电池都在夜间进行充电，平均充电时间在 8 小时左右。若是浅放电（充电后行驶里程很短），电动汽车蓄电池很快就会充满，继续充电就会出现过充现象，导致电池失水、发热，降低电池使用寿命。

把控电动汽车充电时间

所以，蓄电池以放电深度为 60% ~ 70% 时充一次电最佳，实际使用时可折算成行驶里程，根据实际情况进行必要的充电，避免伤害性充电。

53. 电动汽车的电池状态需要定期检验吗？

需要。在使用过程中，如果电动汽车的续航里程在短时间内突然下降很明显，则很有可能是电池组中最少有一块电池出现断格、极板软化、极板活性物质脱落等短路现象。因此，应及时到专业电池修复机构进行检查、修复或配组。这样能相对延长电池组的使用寿命，最大程度地节省开支。

54. 电动汽车续航里程短怎么办？

❶检测电池是否有问题，如无问题则检测下一项。

❷检测整车空载电流和运行电流是否过大，空载电流不应超过 1.2 A，运行电流在载重 500 kg、时速 40 km/h、平坦水泥或柏油路面行驶时不应大于 7.5 A，如出现上述情况，则更换控制器或电机再次进行测试。

55. 什么是亏电状态？电动汽车长期不用，应该如何保养电池？

　　亏电状态是指电池使用后没有及时充电。在亏电状态存放电池，很容易出现硫酸盐化，硫酸铅结晶物附着在极板上，堵塞了电离子通道，造成充电不足，电池容量下降。亏电状态闲置时间越长，电池损坏越严重。

　　电动汽车闲置不用时，应每月补充电一次，这样能较好地保持电动汽车电池良好的健康状态。

56. 电动汽车充电器的绿灯不转换怎么办？

充电时充电器绿灯不转换，空载时充电器绿灯亮，一般情况则是电池内部缺水或缺稀硫酸所致，将电池上盖打开后，旋下单向阀或安全阀，向电池内注入适量专用补充液（5~8 mL），充电 6~10 h 即可转换。

57. 电动汽车的充电功率是多少？

充电功率是决定充电时间的另一个重要指标。同一款车，充电功率越大，所需的充电时间越短。

电动汽车的实际充电功率有两个影响因素：充电桩最大功率和电动汽车交流充电最大功率。实际充电功率取两者中的较小者。

58. 电动汽车充满电要多久？

充电时间＝电池容量/充电功率

根据这个公式可以大致算出充满电需要的时间。

除电池容量、充电功率这两个与充电时间有关的直接因素外，均衡充电、环境温度等也是影响充电时间的常见因素。

59. 电动汽车交流充电接口的最大充电功率是多少？

　　纯电动汽车，大部分充电接口是 32 A，这样充电功率可达 7 kW；也有部分纯电动汽车充电接口是 16 A，如东风俊风 ER30 的最大充电电流为 16 A、功率为 3.5 kW。

　　插电式混合动力汽车的电池容量较小，所以交流充电接口一般是 16 A，充电最大功率在 3.5 kW 左右。少部分车型如比亚迪唐 DM100 配备的是 32 A 交流充电接口，最大充电功率可达 7 kW。

60. 电动汽车电池的能量和比能量是什么？

电池的能量指在一定的放电条件下对外做功所输出的电能。

电池的比能量是指单位质量或者单位体积的电池所给出的能量，分别称为质量比能量或体积比能量。

例如，纯电动汽车用电池磷酸铁锂的质量比能量和体积比能量分别为 110 Wh/kg、210 Wh/L；混合动力汽车用电池的质量比能量和体积比能量分别为 65 Wh/kg、120 Wh/L。

61. 什么是慢速充电？什么是快速充电？

慢速充电、快速充电是相对的概念，对于电动汽车充电，国内学术和行业尚无明确界定。

一般采用0.1~0.2 C 电流充电称为慢充,>0.2 C 的为快充，>0.8 C 的为超快速充电，≤0.05 C 的则是涓流充电。

62. 什么是电动汽车的 BMS？

BMS 是 Battery Manage System（电池管理系统）的简称，其主要功能如下：

蓄电池故障的早期监测和预警。

剩余容量的估算。

远程监控。

大量数据存储及数据库管理等。

63. 什么是电动汽车换电？

　　换电是指将电动汽车上的蓄电池卸下，换上充满电的电池。换电池能够减少电动车用户充电的等待时间，提高车辆的利用率。

64. 什么是削峰、填谷、移峰填谷?

　　用电负荷调整措施具体可以分为削峰、填谷、移峰填谷。削峰是指在电网高峰负荷期减少用户的电力需求,填谷是指在电网低谷时段增加用户的电量需求,移峰填谷是指将高峰负荷的用户需求转移到低谷负荷时段。

65. 智能家居采用的主要技术有哪些?

　　智能家居采用的主要技术包括综合布线技术、网络通信技术、安全防范技术、自动控制技术、音视频技术等。

66. 家里一定要用宽带网络才可以安装智能家居系统吗？

　　如果家中有宽带网络，就可以在任何地方控制家里的电器设备，因为主机可以连接互联网；如果家里没有宽带网络，那只能在家中控制电器设备，形成局域网。

67. 开关面板换成无线智能的面板，还能当普通的开关来用吗？

　　完全可以。而且更换后的无线智能面板如果是触摸型的，一般在晚上还带有夜光功能，更方便和更有档次，日常不仅可以通过手机、电脑来控制，

智能开关

手动操作模式也同样适用，老人也能简单学会。

68. 如果家中已经装好了窗帘，现在装智能电动窗帘，是不是要重新换轨道？

可以在原来轨道的下方安装电动窗帘专用轨道，或者将原来的窗帘杆进行拆除即可。电动窗帘的轨道安装也很简单，通过顶部的螺钉固定即可，电动机直接垂直扣在轨道上，隐藏在角落。

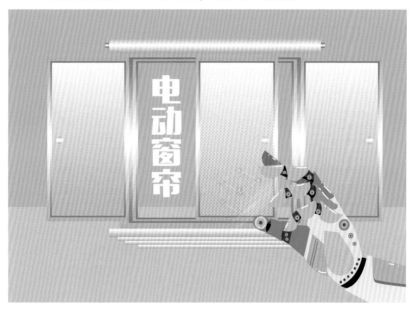

69. 电动窗帘除了用电去控制，如果平时被人手动去拉，会不会被弄坏，有没有关系？

没有关系，电动窗帘不仅可以通过电的方式自动控制，也可以通过手拉的方式进行操作，不会对电机有任何影响。

70. 感觉智能家居应该是年轻人的东西，上了年纪的应该用不上吧？

智能家居具有时尚、便捷、安全、智慧等特点，比如家里发生燃气泄漏或者漏水，相关探测装置会自动检测出来并报警，同时向指定手机发送信息，机械手自动关闭燃气阀门，开窗器自动打开窗户进行通风，同时可联动新风系统或排风扇，随时保证家里的安全。

如果老人有险情，按下紧急按钮，系统会自动

发送险情通知，出门在外的子女可通过摄像头远程查看家里状况。另外，通过智能家居遥控器可以控制灯光、窗帘、家电，还可以一键打造生活场景，因此适用于各年龄段人群。

71. 智能家居系统的定时控制功能，是在系统安装时就要设置，还是到使用的时候自己设置呢？

智能家居系统的定时控制功能，完全由用户自行设定，现在的设定界面都非常简单、人性化，通常只需要打钩、选择时间即可完成设置。定时功能设置一次，便会自动周期性地执行，和设置手机闹铃形式一样。如果开始不懂使用，可请该产品的厂家售后服务演示。

72. 智能主机通过网络连接的话，是不是用户家里要留很多网线接口？

主机通过有线网络与路由器相连，但主机和各个终端设备全部是无线连接的，所以用户只需要给智能家居控制主机留好一个网络接口即可，可以直接与路由器进行相连。

73. 智能家居有哪些费用？

智能家居设备，除了采购时的花费，平时的操作几乎不产生任何费用。如：当用户想让主机发短信给自己时，才扣取相应的通信费，收费标准与手机用户使用一模一样，如果您不使用发短信的功能，那就根本不会产生任何的费用，是否产生费用，由用户自己决定。

74. 如果我们家有多台空调，智能家居怎么知道我要控制哪一个，是不是一开就全部都开了？

　　不会的，主机系统是数字式的，每个设备都有一个唯一的地址码进行识别与控制，就算家中安装了 10 台空调，也不会出现混乱的情况。

75. 电价和收费政策是谁制定的？

国家电网公司严格执行政府价格主管部门制定的电价和收费政策，及时在供电营业场所、网上国网 APP（微信公众号）、"95598"网站等渠道公开电价、收费标准和服务程序。

76. 拨打电力故障报修电话后，工作人员多久能到达现场，多久恢复供电？

国家电网公司提供 24 h 电力故障报修服务，供电抢修人员到达现场的平均时间一般为：城区范围 45 min，农村地区 90 min，特殊边远地区 2 h。到达现场后恢复供电平均时间一般为：城区范围 3 h，农村地区 4 h。

77. 办理新装用电业务的时限是多少？

低压客户平均接电时间：居民客户 5 个工作日，非居民客户 15 个工作日。高压客户供电方案答复期限：单电源供电 15 个工作日，双电源供电 30 个工作日。高压客户装表接电期限：受电工程检验合格并办结相关手续后 5 个工作日。

78. 申请计费电能表校验后，多久可以出结果？

客户申请计费电能表校验后，5 个工作日内出具检测结果。

79. 提出电表数据异常后，多久可以收到答复？

客户提出电表数据异常后，电网公司会在 5 个工作日内核实并答复客户。

80. 进行服务投诉后多久能得到处理？

"95598" 电话（网站）、网上国网 APP（微信公众号）等渠道受理客户投诉后，会在 24 h 内联系客户，5 个工作日内答复处理意见。

81. 四川现行销售电价按用电类别分为哪几类?

四川现行销售电价按用电类别分为居民生活用电电价、农业生产用电电价、工商业及其他用电电价三大类。

82. 城乡低保户、农村五保户居民电价政策是什么?

四川省的城乡低保户、农村五保户,每户每月有 15 kW·h的免费用电,以保障其基本生活需要。

83. 四川省"一户一表"居民阶梯用电分为哪几档？

分为三档：第一档月用电量 180 kW·h 及以内部分；第二档月用电量 181~280 kW·h 部分，加价 0.1 元/（kW·h）；第三档用电量超过 280 kW·h 部分，加价 0.3 元/（kW·h）。

84. 什么是单一制电价？什么是两部制电价？

电网总的供电容量叫作电力固定成本，也叫容量成本。政策规定容量成本对不同用电类别客户的分摊比例不同，从而形成单一制电价和两部制电价。

单一制电价是以客户安装的电能表每月的实际

用电量乘以相对应的电价计算出的电价。

两部制电价是由电度电价和基本电价两部分构成的。电度电价是指客户计费表所计的电价。

85. 国网四川省丰水期居民生活用电电能替代政策是什么?

在四川电网居民生活用电现行电价政策的基础上,对丰水期城乡"一户一表"居民用电量,月用电量在 180 kW·h 及以内部分电价保持不变,用电量 181 ~ 280 kW·h 部分的电价下移 0.15元/(kW·h),用电量高于 280 kW·h 部分的电价下移 0.2 元/(kW·h),下移金额将在居民客户购电充值时一并返还到电表。

86. 国网四川省"一户一表"居民用户低谷时段优惠电价是多少?

四川省"一户一表"居民用户低谷时段优惠		
水期	时间	电价〔元/（kW·h）〕
丰水期	6—10 月 23：00—次日 07：00	0.175
枯、平水期	11 月—次年 5 月 23：00—次日 07：00	0.253 5

87. 大工业用户的电费由哪三部分组成?

　　大工业用户的电费由基本电费、电度电费、功率因数调整电费组成。

　　基本电费是根据用电客户变压器容量或最大需量和国家批准的基本电价计收的电费。

　　电度电费是依据用电客户的结算电量及该部分电量所对应的电度电价执行标准计算出来的电费。

　　功率因数调整电费是按照用户的实际功率因数及该用户所执行的功率因数标准对用户承担的电费按功率因数调整电费表系数进行相应调整的电费。

88. 什么是十元应急用电功能？

　　十元应急用电功能是针对智能电表用户欠费后的一项应急措施，启用该功能后，当用户的电表余额为"0.00元"跳闸后，可将购电卡在卡槽反插，电表将自动合闸，提供10元的电量供用户应急使用。但用户仍需及时充值购电，避免进一步透支，10元应急电费将在用户充值时自动扣除。

89. 功率因数标准值及其适用范围是如何规定的?

①功率因数标准 0.90,适用于 160 kVA(kW)及以上的高压供电工业用户(包括社队工业用户)、装有带负荷调整电压装置的高压供电电力用户和 3 200 kVA(kW)及以上的高压供电电力排灌站。

②功率因数标准 0.85,适用于 100 kVA(kW)及以上的其他工业用户(包括社队工业用户)、100 kVA(kW)及以上的非工业用户和 100 kVA(kW)及以上的电力排灌站。

③功率因数标准 0.80,适用于 100 kVA(kW)及以上的农业用户和趸售用户,但大工业用户未划入由电业直接管理的趸售用户,功率因数标准应为 0.85。

90. 电费违约金怎么计算?

用户在供电企业规定的期限内未缴清电费时,应承担电费滞纳的违约责任。电费违约金从逾期之日起计算至缴纳日止。每日电费违约金按下列规定计算:

①居民用户每日按欠费总额的千分之一计算。

②其他用户:当年欠费部分,每日按欠费总额的千分之二计算;跨年度欠费部分,每日按欠费总额的千分之三计算。电费违约金收取总额按日累加

计收，总额不足 1 元者按 1 元收取。

91. 供电服务热线电话是多少？

全国供电服务热线为 95598。

92. 95598 供电服务热线可以提供哪些服务？

国家电网公司 95598 供电服务热线电话实行 365 天×24 小时无间断服务。受理信息查询、业务咨询、故障报修、投诉、举报、建议、意见、表扬等各项业务，流程实行闭环管理。

93. 电能计量装置包括哪几部分？

电能计量装置包括计费电能表（有功、无功电能表及最大需量表）和电压互感器、电流互感器及二次连接线导线。

94. 电能计量装置应安装在何处？

原则上应装在供电设施的产权分界处。如产权分界处不适宜装表，对专线供电的高压用户，可在供电变压器出口装表计量；对公用线路供电的高压用户，可在用户受电装置的低压侧计量。

95. 当电能计量装置不安装在产权分界处时，线路与变压器损耗应如何分担？

当电能计量装置不安装在产权分界处时，线路与变压器损耗的有功与无功电量均须由产权所有者负担。在计算用户基本电费（按最大需量计收时）、电度电费及功率因数调整电费时，应将上述损耗电量计算在内。

96. 违约用电行为有哪些？

危害供用电安全、扰乱正常供用电秩序的行为，属于违约用电行为。供电公司对查获的违约用电行为应及时予以制止。有下列违约用电行为者，应承担其相应的违约责任：

①擅自改变用电类别。

在电价低的供电线路上擅自接用电价高的用电设备。私自改变用电类别，例如商业用电性质的用户接在居民用电性质的线路上用电。

②擅自超过合同约定的容量用电。

③擅自超过计划分配的用电指标。

④擅自使用已经在供电企业办理暂停使用手续的电力设备或擅自启用已经被供电企业查封的电力设备。

⑤擅自迁移、更动或擅自操作供电企业的用电计量装置、电力负荷控制装置、供电设施以及约定由供电调度的用户设备。

⑥未经供电企业许可，擅自引入、供出电源或者将自备电源擅自并网。

97. 违约用电将承担哪些违约责任？

①在电价低的供电线路上，擅自接用电价高的用电设备或私自改变用电类别的，应按实际使用日期补交其差额电费，并承担 2 倍差额电费的违约使用电费。使用起讫日期难以确定的，实际使用时间按 3 个月计算。

❷私自超过合同约定的容量用电的，除应拆除私增容设备外，属于两部制电价的用户，应补交私增设备容量使用月数的基本电费，并承担3倍私增容量基本电费的违约使用电费；其他用户应承担私增容量每千瓦（千伏安）50元的违约使用电费。如用户要求继续使用，按新装增容办理手续。

❸擅自超过计划分配的用电指标的，应承担高峰超用电力每次每千瓦1元和超用电量与现行电价电费5倍的违约使用电费。

❹擅自使用已在供电公司办理暂停手续的电力设备或启用供电公司封存的电力设备的，应停用违约使用的设备。属于两部制电价的用户，应补交擅自使用或启用封存设备容量和使用月数的基本电费，并承担2倍补交基本电费的违约使用电费；其他用户应承担擅自使用或启用封存设备容量每次每千瓦（千伏安）30元的违约使用电费。启用属于私增容被封存的设备的，违约使用者还应承担上述第❷项规定的违约责任。

❺私自迁移、更动和擅自操作供电公司的用电计量装置、电力负荷管理装置、供电设施以及约定由供电公司调度的用户受电设备者，属于居民用户的，应承担每次500元的违约使用电费；属于其他用户的，应承担每次5 000元的违约使用电费。

❻未经供电公司同意，擅自引入（供出）电源或将备用电源和其他电源私自并网的，除当即拆除

接线外，应承担其引入（供出）或并网电源容量每千瓦（千伏安）500 元的违约使用电费。

98. 窃电行为有哪些?

窃电行为包括以下几种：

① 在供电公司的供电设施上，擅自接线用电。

② 绕越供电公司用电计量装置用电。

③ 伪造或者开启供电公司加封的用电计量装置封印用电。

④ 故意损坏供电公司用电计量装置。

⑤ 故意使供电公司用电计量装置不准或者失效。

⑥ 采用其他方法窃电。

99. 供电公司对查获的窃电者如何处理？

供电公司对查获的窃电者，应予制止，并可当场中止供电。窃电者应按所窃电量补交电费，并承担补交电费 3 倍的违约使用电费。拒绝承担窃电责任的，供电公司应报请电力管理部门依法处理。窃电数额较大或情节严重的，供电公司应提请司法机关依法追究刑事责任。

100. 如何确定窃电量？

窃电量按下列方法确定：

❶在供电公司的供电设施上，擅自接线用电的，所窃电量按私接设备额定容量（千伏安视同千瓦）乘以实际使用时间计算确定。

❷以其他行为窃电的，所窃电量按计费电能表标定电流值（对装有限流器的，按限流器整定电流值）所指的容量（千伏安视同千瓦）乘以实际窃用的时间计算确定。

101. 窃电时间无法查明时，应如何确定？

窃电时间无法查明时，窃电日数至少以 180 天计算。每日窃电时间：电力用户按 12 h 计算，照明用户按 6 h 计算。

102. 什么是网上国网 APP？

　　网上国网 APP 是国家电网公司面向广大用电客户提出的以用电服务为核心，聚合电费服务、供电服务、95598 服务、能源电商、电动汽车、光伏云网、能效服务以及创新服务为一体的综合能源服务，拓展增值化特色服务的服务平台，包含四大功能（首页、热点、E 享家、我的）、五大板块（住宅、店铺、企事业、电动汽车、新能源）。

103. 网上国网 APP 有哪些功能模块？

网上国网 APP 主要包括四大功能、五大板块、94 个应用场景。其中：

❶四大功能，包括首页、热点、E 享家（家电）、我的。

首页——主要展示绑定用户的余额信息、电费账单、用能信息、积分、线上购电等常用功能快捷按钮，以及活动专区、精品推荐等。

热点——所在城市电力行业相关的要闻、新闻、知识点以及社会、生活类新闻报道等。

首页和热点页面的右上角有"扫一扫"（支持二维码/条形码扫描识别）、"消息"（与绑定用户相关的通知公告、活动信息）、"客服"（在线咨询电量电费、停电信息、用电户号、服务进度、用电知识等内容，同时可选择转接人工服务）三大功能按钮。

E 享家（家电）——为客户提供便捷的网上购物渠道，包括电动汽车、家用电器、扶贫产品、光伏用品以及生活用品等。

我的——个人信息的管理界面，包括服务记录（办理的交费、业务等信息记录）、户号管理（绑定、解绑户号）、我的资产（红包、积分等信息）、账户与安全（实名认证、户主认证、密码管理等）、我的订阅（订阅发票、预警等信息）、意见反馈、常见问题等模块。

❷五大板块，分别为住宅（居民用户）、店铺（商业用户）、企事业（企业用户）、电动汽车（电动汽车用户）、新能源（光伏用户）等提供有针对性的服务。

系统会自动识别绑定客户用电类别，自动将户号分类至相应应用板块。例如绑定户号为居民用户，自动将户号展示在住宅板块。

104. 网上国网 APP 一个账号可以绑定多少个户号？

网上国网 APP 一个账号可以绑定 30 个民用户号，分别为 10 个居民户号、5 个低压非居民户号、5 个高压户号、5 个光伏户号和 5 个充电桩户号。

绑定过程中将提示：已绑定×户，还可绑定×户。绑定户号后 24 h 内不允许解绑该户号。

105. 网上国网 APP 一个户号可以被多少个账号绑定？

低压户号（低压居民、低压非居民、分布式光伏）：若户号未进行户主认证，则该户号可以被多个账号绑定，无数量限制；若户号被户主认证，则该户号只能被户主绑定。

高压户号：允许多个账号绑定，无数量限制。

106. 网上国网 APP "账号已被冻结"是怎么回事？

　　这种情况是用户在 APP 上申请了注销账号，用户申请后，国网用户中心会将账号冻结(无法登陆或注册,且无法撤回注销)，系统后台会进一步核验信息,并通过短信或 APP 消息的方式反馈注销结果,申请注销的账号会被冻结 5~10 个工作日。

107. 客户在网上国网 APP 用电业务申请中填写的业务信息有误、不完整怎么办？

　　可由工作人员回退至客户，客户修改、补充后重新提交申请；也可由工作人员与客户沟通后，在后台系统中进行修改。

108. 在网上国网 APP，用户户号已被原户主绑定，新户主如何绑定户号？

　　若原户主未对此户号进行户主认证，新户主可以直接绑定户号；若原户主对此户号进行过户主认证，新户主需发起更名过户流程，待更名过户流程完成后会自动绑定户号，原户主对该户号自动解绑。

109. 网上国网 APP 可以在线办理哪些用电业务？

可申请办理的用电业务有低压居民新装（增容）、低压非居民新装（增容）、高压新装（增容）、需量值变更、容量/需量变更、增值税变更、低压更名（过户）、暂停（减容）、容量恢复（暂停/减容恢复）、充电桩报装。

110. 网上国网 APP 如何申请充电桩？

登陆网上国网 APP 首页，点击"更多"—"充电桩报装"—"开始办理"，然后按要求选择和填写您需要安装充电桩的地址与申请容量，确认无误后点击"下一步"，上传"车位使用证明""产权人身份证""物业证明""车位及允许施工证明"（有参考模板），核对信息无误后提交申请，会有工作人员尽快与您联系处理。

111. 用电器的三角插头，为什么上面的那个接地线的插头比其他两个要长一些？

用电器的三角插头，上面的插头连接大地，当将插头接入插孔，较长的接地脚会先于零线火线接入电源，它就像在前方开路的保镖，为接下来可能发生的漏电危险做好预防工作。当拔出插头时，较短的零线脚和火线脚则会先被断开，接地脚紧接着断后。这样就能从头至尾充分保障用电安全。